Larry Barde

Evidência Epidiomológica que Implica a Fibra Alimentar nas Doenças Crónicas

AF546396

Larry Barde

Evidência Epidiomológica que Implica a Fibra Alimentar nas Doenças Crónicas

ScienciaScripts

Imprint

Any brand names and product names mentioned in this book are subject to trademark, brand or patent protection and are trademarks or registered trademarks of their respective holders. The use of brand names, product names, common names, trade names, product descriptions etc. even without a particular marking in this work is in no way to be construed to mean that such names may be regarded as unrestricted in respect of trademark and brand protection legislation and could thus be used by anyone.

Cover image: Disponibilizado pelo autor

This book is a translation from the original published under ISBN 978-620-2-30512-9.

Publisher:
Sciencia Scripts
is a trademark of
Dodo Books Indian Ocean Ltd. and OmniScriptum S.R.L publishing group

120 High Road, East Finchley, London, N2 9ED, United Kingdom
Str. Armeneasca 28/1, office 1, Chisinau MD-2012, Republic of Moldova, Europe
Managing Directors: Ieva Konstantinova, Victoria Ursu
info@omniscriptum.com

Printed at: see last page
ISBN: 978-620-8-39242-0

Copyright © Larry Barde
Copyright © 2024 Dodo Books Indian Ocean Ltd. and OmniScriptum S.R.L publishing group

PROVAS EPIDEMIOLÓGICAS PARA A IMPLICAÇÃO DAS FIBRAS ALIMENTARES COMO FACTOR ETIOLÓGICO DE DOENÇAS CRÓNICAS

BARDE, LARRY AUTA

CAPÍTULO 1

1. INTRODUÇÃO

A fibra alimentar é um dos nutrientes mais falados para a promoção da saúde e prevenção de doenças (Mateljan, 2001). A fibra alimentar é definida como materiais alimentares, particularmente materiais vegetais, que não são hidrolisados por enzimas segregadas pelo trato digestivo humano, mas que podem ser digeridos pela microflora do intestino. Os componentes vegetais que se enquadram nesta definição incluem os polissacáridos não amiláceos (PNA), como as celuloses, algumas hemiceluloses, gomas e pectinas, bem como a lenhina, as dextrinas resistentes e os amidos resistentes (Comissão do Codex Alimentarius, 2008).

A fibra alimentar contém uma mistura de componentes bioactivos, incluindo amido resistente, vitaminas, minerais, fitoquímicos e antioxidantes (Haub *et al.*, 2010). Estudos epidemiológicos e clínicos demonstram que o consumo de fibra alimentar está inversamente relacionado com a obesidade (Tucker *et al.*, 2009), a diabetes tipo 2 (Meyer *et al.*, 2000), o cancro (Park *et al.*, 2009) e as doenças cardiovasculares (Streppel *et al.*, 2008).

Todas as fibras são resistentes à digestão no intestino delgado, embora a maioria das fibras sejam hidratos de carbono, um fator importante que determina a sua suscetibilidade à digestão pelas enzimas humanas é a conformação das ligações químicas entre as moléculas de açúcar (Vasudevan, 2007). Os seres humanos não possuem enzimas digestivas capazes de hidrolisar a maior parte das ligações 0-glicosídicas, o que explica o facto de a amilose, um polímero de glucose com uma ligação a-1,4-glicosídica, ser digerível pelas enzimas humanas, enquanto a celulose, um polímero de glucose com uma ligação 0-1,4-glicosídica, é indigesta (Higdon, 2005).

A fibra alimentar é a parte da planta que protege e mantém a estrutura da planta. A celulose, a hemicelulose, os polissacáridos, as pectinas, as gomas, a mucilagem e a lenhina são fibras alimentares. Estas fibras não estão relacionadas quimicamente, mas têm todas uma coisa em comum, que é o facto de não poderem ser digeridas pelo corpo humano (Sigelbaun *et al.*, 2006).

A Food and Drug Administration (FDA) aprovou dois produtos de saúdealegações relativas à fibra alimentar. A primeira alegação afirma que, juntamente com uma diminuição do consumo de gorduras, um aumento do consumo de fibras alimentares provenientes de frutas, legumes e cereais integrais pode reduzir alguns tipos de cancro (FDA, 2008). Estudos recentes apoiam esta relação inversa entre as fibras alimentares e o desenvolvimento de vários tipos de cancro, incluindo o colorrectal, o do intestino delgado, o oral, o da laringe e o da mama (Nomura *et al.,* 2007; Park *et al.,* 2009). Embora a maioria dos estudos concorde com estes resultados, os mecanismos responsáveis ainda não são claros. Foram propostos vários modos de ação. (a), a fibra alimentar (FD) resiste à digestão no intestino delgado, permitindo assim que entre no intestino grosso, onde é fermentada para produzir ácidos gordos de cadeia curta, que têm propriedades anticancerígenas (Young *et al.,* 2005). (b) Como a FD aumenta o volume e a viscosidade das fezes, há menos tempo de contacto entre os potenciais agentes cancerígenos e as células da mucosa. (c), a FD aumenta a ligação entre os ácidos biliares e os carcinogéneos. (d) O aumento da ingestão de fibras alimentares produz níveis mais elevados de antioxidantes. (e), a FD pode aumentar a quantidade de estrogénios excretados nas fezes devido a uma inibição da absorção de estrogénios nos intestinos (Adlercreutz *et al.,* 1987).

A segunda alegação da FDA que apoia os benefícios para a saúde da DF afirma que as dietas pobres em gorduras saturadas e colesterol e ricas em frutas, legumes e cereais integrais, têm um risco reduzido de conduzir a doenças coronárias doença (CHD) (FDA, 2008).

Embora estas duas alegações tenham sido adoptadas e apoiadas pela FDA, foram também investigadas várias outras alegações potenciais. Essas condições de particular importância, devido à sua crescente prevalência na população em geral, incluem a obesidade e a diabetes tipo 2 (Mokdad *et al.*, 2003; Ogden *et al.*, 2006). A fisiologia digestiva das fibras alimentares tem implicações significativas no risco e no tratamento destas perturbações metabólicas. Foi demonstrado que as fibras alimentares resultam numa diminuição das excursões de glicose no sangue e em respostas atenuadas à insulina. Este facto pode dever-se a um atraso ou a uma diminuição da absorção intestinal (Weickert *et al.*, 2008; Tucker *et al.*, 2009).

Por conseguinte, o objetivo deste seminário é definir fibra alimentar, classificar a fibra alimentar com base na natureza, tipos e fontes; fazer observações gerais sobre a função da fibra alimentar que são benéficas e alargar esses princípios à dieta em geral, o que pode ser útil para explicar e prever a ação fisiológica da fibra alimentar para fins de educação pública.

CAPÍTULO 2

DEFINIÇÃO, CLASSIFICAÇÃO E FONTES DE FIBRA ALIMENTAR

2.0Definição de fibra alimentar:

Ao longo dos anos, foram propostas várias definições de fibra alimentar, tendo-se verificado uma mudança de paradigma das definições anteriores, baseadas na metodologia analítica, para as actuais, que destacam os efeitos fisiológicos da fibra alimentar (Gray, 2008)

Definições selecionadas de fibra alimentar

A proporção de alimentos que é derivada das paredes celulares das plantas, que é digerida muito mal nos seres humanos (Trowell 1972).

- A fibra alimentar é constituída por hidratos de carbono não digeríveis e lenhina, intrínsecos e intactos nas plantas
- A fibra funcional/adicionada consiste em hidratos de carbono isolados, não digeríveis, que têm efeitos fisiológicos benéficos para o ser humano

A fibra total é a soma da fibra alimentar e da fibra funcional/adicionada (Institute of Medicine2005).

As fibras alimentares devem ser reservadas para os polissacáridos da parede celular dos legumes, frutos e cereais integrais, cujos benefícios para a saúde foram claramente estabelecidos, em vez de oligossacáridos e polissacáridos sintéticos, isolados ou purificados com efeitos fisiológicos diversos e, em alguns casos, únicos (Atualização Científica da Organização das Nações Unidas para a Alimentação e a Agricultura/Organização Mundial de Saúde 2007).

- Entende-se por fibra alimentar os polímeros de hidratos de carbono com 10 ou mais unidades monoméricas, que não são hidrolisados pelas enzimas endógenas do intestino delgado dos seres humanos e pertencem às seguintes categorias
- Polímeros de hidratos de carbono comestíveis que se encontram naturalmente nos alimentos consumidos
- Polímeros de hidratos de carbono que tenham sido obtidos a partir de matérias-primas alimentares por meios físicos, enzimáticos ou químicos e que tenham demonstrado ter um efeito fisiológico benéfico para a saúde, tal como demonstrado por provas científicas geralmente aceites pelas autoridades competentes

  Polímeros sintéticos de hidratos de carbono que demonstraram ter um efeito fisiológico benéfico para a saúde, tal como demonstrado por provas científicas geralmente aceites pelas autoridades competentes. (Comissão do Codex Alimentarius 2008).

Em novembro de 2008, na 29ª sessão do Comité do Codex para a Nutrição e Alimentos para Usos Dietéticos Especiais, realizada na África do Sul, chegou-se a um acordo final sobre uma definição global de fibra alimentar

(Comissão do Codex Alimentarius, 2010). De acordo com esta definição, os polímeros sintéticos ou extraídos podem ser definidos como fibra alimentar, juntamente com os polímeros de hidratos de carbono de ocorrência natural, se proporcionarem efeitos fisiológicos favoráveis, tal como demonstrado por provas científicas. Esta definição estabelece um padrão internacional para a rotulagem de alimentos, métodos analíticos, valores nutricionais de referência e alegações de saúde, e incentiva mais investigação sobre alimentos enriquecidos com fibras, idealmente fornecendo uma melhor oferta de alimentos para uma boa saúde (Betteridge, 2009).

2.1 CLASSIFICAÇÃO DAS FIBRAS ALIMENTARES

Foram utilizados vários sistemas para classificar os componentes da fibra alimentar (Carolyn e Uppal, 2010).

As fibras alimentares foram outrora classificadas como solúveis ou insolúveis (Slavin, 2005): propunha-se que as fibras solúveis reduzissem o colesterol e a concentração de glucose no sangue e que as fibras insolúveis promovessem efeitos laxativos (Slavin, 2005). No entanto, isto era enganador porque algumas das fibras solúveis (por exemplo, farelo de aveia) aumentam o peso das fezes e, de forma inconsistente, algumas fibras insolúveis não aliviam a obstipação (por exemplo, celulose isolada) (Tungland e Meyer 2002; Buttriss e Stokes, 2008).

A fibra alimentar também foi classificada de acordo com a viscosidade e a fermentabilidade (Tungland e Meyer 2002; Slavin e Green, 2007). Estas propriedades da fibra estão mais ligadas aos seus efeitos fisiológicos do que a sua solubilidade (Slavin, 2008). Os termos solúvel/insolúvel, fermentável/não fermentável e viscoso/não viscoso formam as bases dos benefícios fisiológicos da fibra e são explicados com exemplos abaixo,

Solubilidade (dispersável em água)

Solúvel

- Glucanos na aveia e na cevada
- Pentoses em centeio
- Oligossacáridos em leguminosas, cebola, tupinambos, alho
- Componentes de fibra em vários vegetais, frutas, legumes e leguminosas

Insolúveis

- Celulose, hemiceluloses e lignina no trigo e no arroz
- Amido resistente em cereais integrais e leguminosas (Lunn e Buttriss, 2007).

Viscosidade (capacidade de retenção de água)

Viscoso

- Goma
- Goma xantana
- Psyllium
- Pectina
- Celulose (por exemplo, farelo de aveia)

Não viscoso

- Inulina
- Amido resistente
- Polidextrose
- Celulose (por exemplo, farelo de trigo e de arroz) (Slavin e Green, 2007)

Fermentabilidade (digestão por bactérias no intestino grosso)

Parcialmente fermentado

- Celulose nos legumes, beterraba sacarina, farelos diversos
- Hemiceluloses em grãos de cereais
- Lignina em plantas lenhosas
- Cutina/suberina/outras ceras vegetais nas fibras vegetais
- Quitina e quitosano, colagénio em fungos, leveduras
- Amidos resistentes no milho, batatas, cereais, legumes, bananas.

Bem fermentado

- Beta-glucanos na aveia, cevada e centeio
- Pectinas em frutas, legumes, leguminosas, beterraba sacarina e batata
- Gomas em plantas de sementes de leguminosas, extractos de algas, extractos de plantas, gomas microbianas
- Inulina em chicória, cebolas, trigo
- Oligossacáridos/análogos (Tungland e Meyer 2002)

Mas continua a ser necessária uma classificação mais ampla que tenha em conta

Os três parâmetros são tidos em conta. As fibras solúveis são predominantemente viscosas e fermentáveis, mas nem sempre é esse o caso. Exemplos de fibras solúveis que não são viscosos mas são fermentáveis incluem a inulina e os fruto-oligossacáridos, também conhecidos como prebióticos (Schneeman, 1999). Um prebiótico é definido como "um ingrediente alimentar não digerível que afecta beneficamente o hospedeiro, estimulando seletivamente o crescimento e/ou a atividade de uma ou de um número limitado de bactérias no cólon, melhorando assim a saúde do hospedeiro" (Gibson e Roberfroid, 1995). Geralmente, as fibras bem fermentadas são solúveis em água e as fibras mal fermentadas são insolúveis (Tungland e Meyer 2002).

2.2 FONTES DE FIBRA ALIMENTAR

Os cereais integrais, as leguminosas, os frutos e legumes e as batatas são as principais fontes de fibras alimentares. Também os frutos secos e as sementes contêm elevadas concentrações. A celulose ocorre juntamente com as hemiceluloses nos cereais. As camadas exteriores lenhificadas são a fonte predominante de fibra nos produtos de cereais integrais. A aveia e a cevada contêm elevadas concentrações de um tipo de polissacárido viscoso e solúvel em água, o 0-glucano. As pectinas, um dos principais tipos de fibra alimentar nos frutos e legumes, têm propriedades semelhantes (EFSA, 2010).

2.2.1 Polissacáridos não amiláceos (NSP)

As NSP encontram-se principalmente na parede celular das plantas e são constituídas por um grande número de resíduos de monossacáridos unidos por ligações glicosídicas (Cummings *et al.*, 2007). Os NSP foram incluídos na recente definição de fibra alimentar pelo Codex Alimentarius (Comissão do Codex Alimentarius, 2010). Este grupo inclui os seguintes componentes:

- Componente da fibra: fontes alimentares
- Celulose: vegetais, frutas, nozes e cereais (principalmente farelo) (Escudero, 2006)
- Hemiceluloses: cereais, legumes, frutas, leguminosas e frutos secos (Buttriss *et al.*, 2008)
- Pectinas: citrinos (ou seja, laranjas, limões, toranjas) e maçãs (Theuwissen *et al.*, 2008)
- Beta-glucanos: grãos de cereais (nomeadamente aveia e cevada), leveduras, bactérias, algas e cogumelos (Theuwissen *et al.*, 2008)
- Gomas: exsudados vegetais (por exemplo, goma-arábica), sementes (por exemplo, guar e alfarroba) e extractos de algas marinhas (por exemplo, ágar, carrageninas, alginatos)

- Mucilagens: psyllium (Buttriss *et al.*, 2008).

2.2.2 Oligossacáridos resistentes (RO)

Os RO são constituídos por 3-10 moléculas de monossacáridos (Escudero, 2006). São tipicamente fermentáveis e têm propriedades prebióticas. As principais fontes alimentares são as cebolas, a chicória e a alcachofra de Jerusalém (Theuwissen *et al.*, 2008).

2.2.3 Amido resistente

O amido resistente é definido como a soma do amido e dos produtos da degradação do amido que não são decompostos pelas enzimas humanas no intestino delgado de indivíduos saudáveis. Grãos parcialmente moídos/cereais mastigados, sementes, leguminosas, batata crua, banana e amido de milho com elevado teor de amilase são alguns exemplos de alimentos que contêm amidos resistentes (Tungland e Meyer, 2002).

2.2.4 Outros compostos sintéticos de hidratos de carbono

Trata-se de hidratos de carbono sintetizados artificialmente com as propriedades da fibra alimentar (Escudero, 2006). São exemplos a polidextrose e os derivados sintéticos da celulose, como a metilcelulose, a carboximetilcelulose e a hidroxipropilmetilcelulose (Buttriss *et al.*, 2008).

2.2.5 Lignina

A lenhina não é um polissacárido, mas um polímero de unidades de fenilpropano, quimicamente ligado às hemiceluloses nas paredes celulares das plantas (Lunn e Buttress, 2007). Exemplos são os alimentos com um componente lenhoso, como aipo, e as camadas exteriores dos grãos de cereais (Buttriss e Stokes, 2007).

2.3BENEFÍCIOS NA ALIMENTAÇÃO HUMANA

A importância da ingestão de fibras baseia-se provavelmente na estrutura química da fibra, que varia em termos de comprimento da cadeia, ramificação, cadeia lateral, tipo de ligação e composição, podendo todos eles alterar a função no intestino humano e o efeito na doença (Saura-Calixto,

2011).

A fibra alimentar promove efeitos fisiológicos benéficos, incluindo a laxação e a atenuação do colesterol e da glucose no sangue (AACC, 2001). Foi demonstrado que fontes potencialmente ricas em fibra alimentar estão positivamente ligadas a resultados de saúde (Slavin *et al.,* 1997). Embora apenas algumas alegações tenham sido adoptadas e apoiadas, foram investigadas várias outras "alegações potenciais". As doenças de particular importância, devido à sua prevalência crescente na população em geral, incluem a obesidade, a diabetes de tipo 2 e as doenças cardiovasculares (Ogden *et al.,* 2006). Foi demonstrado que a fisiologia digestiva da fibra alimentar resulta numa diminuição das excursões de glucose no sangue e numa resposta atenuada à insulina. Este facto pode dever-se a um atraso ou a uma diminuição da absorção intestinal (Weickert *et al.,* 2008; Tucker *et al.,* 2009)

O papel da fibra alimentar na saúde e na nutrição tem estimulado um vasto leque de actividades de investigação. A acumulação de provas favorece a ideia de que o aumento da ingestão de fibras alimentares tem efeitos benéficos contra as doenças crónicas (doenças cardiovasculares, diverticulose, diabetes e cancro do cólon) nos seres humanos (Anderson *et al.,* 2009; Abdul-Hamid e Luan, 2000; Champ e Guillon, 2000; Schneeman, 1998). Os benefícios para a saúde e as propriedades fisiológicas das fibras alimentares são difíceis de prever apenas com base nas suas estruturas, mas são previsíveis com base nas propriedades físico-químicas, como a capacidade de retenção de água, o inchaço, a capacidade de óleo ou gordura, a viscosidade, a capacidade de troca catiónica, a ligação aos ácidos biliares, o tamanho das partículas, etc. Assim, os efeitos fisiológicos da fibra dependem de uma mistura complexa de propriedades estruturais, químicas e físicas (Blackwood *et al.,* 2000).

CAPÍTULO 3

3.0 FUNÇÕES FISIOLÓGICAS DA FIBRA ALIMENTAR

3.1 Tolerância à glicose e sensibilidade à insulina

Poucos estudos de intervenção investigaram os efeitos da ingestão de fibras nas medidas de tolerância à glucose ou de sensibilidade à insulina. No estudo de intervenção de dois anos realizado por Mensink *et al.*, (2003) em indivíduos com tolerância à glicose diminuída (IGT), a tolerância à glicose melhorou no grupo de intervenção em comparação com o grupo de controlo. Vários estudos de coorte concluíram que a ingestão de fibras e de alimentos ricos em fibras, como os cereais integrais, se correlacionava favoravelmente com as medidas de tolerância à glucose ou de sensibilidade à insulina. Liese *et al.*, (2005) descobriram que o consumo de fibras alimentares estava associado positivamente à sensibilidade à insulina e inversamente à insulina em jejum, mas não à resposta aguda à insulina, em 979 adultos com tolerância normal ou diminuída à glucose. Nos dados de base de um estudo de intervenção efectuado por Lau *et al.* (2005), a ingestão de fibras alimentares foi inversamente associada à probabilidade de ter resistência à insulina (avaliada pelo modelo de avaliação da resistência à insulina da homeostase, HOMA-IR) entre adultos saudáveis de meia-idade. Foram observados resultados semelhantes noutro estudo transversal em indivíduos com elevado risco de diabetes tipo 2 (familiares de pacientes com diabetes tipo 2) (Ylonen *et al,* 2003). Em conclusão, o aumento da ingestão de alimentos ricos em fibra alimentar está associado a um risco reduzido de controlo deficiente da glicose.

Mecanismos da fibra na melhoria da sensibilidade à insulina

A forma como as fibras alimentares modulam a sensibilidade à insulina não é bem conhecida; no entanto, postula-se que algumas fibras viscosas das refeições, como a goma de guar, aumentam a sua viscosidade e atrasam o esvaziamento gástrico e a digestão intestinal (Jenkins *et al.,* 1978). Estes últimos efeitos são propostos para moderar e prolongar a libertação pós-prandial de glicose na circulação, diminuindo assim a resposta à insulina. As fibras dos alimentos integrais são fermentadas por bactérias no intestino grosso para produzir ácidos gordos de cadeia curta. Foi demonstrado em hepatócitos que uma maior exposição a ácidos gordos de cadeia curta aumenta a oxidação da glicose, diminui a libertação de ácidos gordos livres e promove a sensibilidade à insulina (Pereira *et al.,* 2002). Outro mecanismo pelo qual a fibra alimentar melhora a sensibilidade à insulina é através da indução da síntese de glucagonlike-peptide 1 (GLP-1) em espécies animais (Cani *et al.,* 2004). O GLP-1 tem múltiplos efeitos, incluindo o retardamento do esvaziamento gástrico, o aumento da captação celular de glucose dependente da insulina, a inibição da secreção de glucagon, a estimulação da secreção de insulina e a redução da produção hepática de glucose, que, coletivamente, podem atuar no sentido de reduzir as necessidades de insulina (D'Alessio, 2000).

3.2 Controlo do peso

As revisões dos ensaios aleatórios mostraram uma perda de peso na maioria dos estudos, sem diferenças entre os tipos de fibra ou entre a fibra presente nos alimentos ou nos suplementos (Pereira e Ludwig, 2001; Howarth *et al.,* 2001). Isto levou a que a Organização Mundial de Saúde (OMS) concluísse que a evidência de um efeito protetor contra o aumento de peso e a obesidade resultante de uma ingestão elevada de NSP (fibra alimentar) era convincente (OMS/FAO, 2003) e que seria desejável uma ingestão de pelo menos 25 g de fibra alimentar total por dia proveniente de cereais integrais, fruta e legumes. Os resultados de sete estudos de coorte prospectivos mostram uma relação inversa entre o aumento de peso e a ingestão inicial ou a alteração da ingestão de fibras entre adultos durante períodos de acompanhamento até 12 anos (Koh-Banerjee *et al.,* 2004; Lairon, 2007). No estudo finlandês de prevenção da diabetes, um aumento da ingestão de fibras alimentares foi associado a uma redução sustentada do peso (Lindstrom *et al.,* 2006).

Mecanismos da fibra no controlo do peso

As propriedades de volume e viscosidade das fibras alimentares solúveis atrasam o esvaziamento gástrico e diminuem a velocidade de digestão e absorção intestinal, promovendo assim a saciedade através da libertação de numerosas hormonas gástricas (Slavin. 2007). Estas incluem o péptido inibitório gástrico, o GLP-1, a colecistoquinina e o péptido YY, que retroagem negativamente para o regulação hipotalâmica da ingestão de alimentos e do comportamento alimentar (Slavin, 2007; chow *et al.*, 2007).

Os alimentos ricos em fibra também requerem uma maior mastigação, o que também pode contribuir para o aumento da saciedade através de uma menor taxa de ingestão (Slavin, 2005). Para além disso, a densidade energética dos alimentos ricos em fibra é significativamente inferior à dos alimentos ricos em cereais refinados, açúcares simples e alimentos ricos em gordura, reduzindo assim a ingestão de energia (Slavin, 2007; Galisteo *et al.*, 2008).

3.3 Doenças cardiovasculares

A American Dietetic Association (2008) concluiu que os benefícios relacionados com as doenças cardiovasculares (CV) podem ocorrer com a ingestão de 12 a 33 g de fibra por dia proveniente de alimentos integrais (Slavin, 2008). A diabetes predispõe os indivíduos ao desenvolvimento de doenças cardiovasculares (DCV), que são uma das principais causas de mortalidade e morbilidade entre as pessoas com diabetes de tipo 1 e 2 (Canadian Diabetes Association.2006). Foi demonstrado que a ingestão de fibras alimentares melhora os factores de risco associados às DCV, como a obesidade, a hipertensão, a dislipidemia aterogénica e a inflamação na diabetes e na síndrome metabólica (Galisteo, 2008). Foi proposto que as fibras viscosas solúveis (particularmente o beta-glucano de fontes de aveia integral, alimentos ricos em fibras como leguminosas, pectina, goma de guar e psílio) reduzem os factores de risco de DCV (Theuwissen e Mensink , 2008), e a importância dos cereais integrais (fibras insolúveis) também foi realçada na redução do risco de doença coronária (Flight e Clifton ,2006).

Mecanismos da fibra na melhoria dos factores de risco das doenças cardiovasculares

Foi demonstrado que as fibras solúveis viscosas melhoram a hipercolesterolemia, principalmente através da redução do colesterol das lipoproteínas de baixa densidade (LDL-C) sem alterar o colesterol das lipoproteínas de alta densidade, através da modulação da absorção e do metabolismo dos lípidos e dos ácidos biliares (Theuwissen e Mensink , 2008). Estas fibras - em particular o farelo de aveia e o beta-glucano - reduzem a absorção dos ácidos biliares e do colesterol, contribuindo para a excreção fecal de esteróis. Foi proposto que isto resulta num aumento da conversão hepática do colesterol em ácidos biliares, diminuindo assim a reserva hepática de colesterol livre. Uma dieta rica em fibras pode ajudar no controlo da hipertensão na diabetes devido aos múltiplos efeitos na melhoria da sensibilidade à insulina, à redução do peso corporal e às melhorias associadas nos marcadores inflamatórios vasculares e do tecido adiposo (Galisteo *et al.*,

2008). O efeito da fibra alimentar no estado pró-inflamatório e na DCV tem sido associado às propriedades anti-inflamatórias do butirato (um substrato produzido pela fermentação da fibra alimentar) (Galisteo *et al.*, 2008).

3.4 Diminuição dos níveis de colesterol no sangue.

As fibras solúveis presentes no feijão, na aveia, na linhaça e no farelo de aveia podem ajudar a reduzir os níveis de colesterol total no sangue, diminuindo os níveis de lipoproteínas de baixa densidade, ou colesterol "mau". Os estudos também demonstraram que a fibra pode ter outros benefícios para a saúde do coração, como a redução da tensão arterial e da inflamação (mayo, 1998).

Mecanismo das fibras na redução do colesterol sanguíneo

A viscosidade é uma caraterística partilhada por todas as fibras que reduzem o colesterol. Existem várias teorias para explicar como as fibras viscosas reduzem o colesterol sérico (ADA, 2008). A principal explicação envolve a circulação dos ácidos biliares. No fígado, o colesterol LDL é convertido em ácidos biliares, que são utilizados para emulsionar as gorduras no intestino para digestão e absorção. Quando os ácidos biliares são reabsorvidos e regressam ao fígado (através do fluxo sanguíneo portal dos intestinos), bloqueiam a produção de mais ácidos biliares. Este processo, denominado circulação entero-hepática da bílis, é muito eficaz na conservação da bílis.

As fibras viscosas interferem neste processo, pois ligam-se aos ácidos biliares e diminuem a sua absorção no intestino. Como resultado, o colesterol LDL é removido do sangue e convertido em ácidos biliares pelo fígado para repor os ácidos biliares excretados nas fezes. Esta é a forma predominante pela qual se acredita que as fibras viscosas reduzem o colesterol sérico (Coleman, 2008).

3.5 Normaliza os movimentos intestinais.

As fibras alimentares aumentam o peso e o tamanho das suas fezes e amolecem-nas. As fezes volumosas são mais fáceis de defecar, diminuindo a probabilidade de obstipação. Se tiver fezes soltas e líquidas, a fibra também pode ajudar a solidificar as fezes, porque absorve água e dá volume às fezes. (Mayo, 1998). Muitas fontes de fibra, incluindo farelos de cereais, casca de sementes de psílio, metilcelulose e uma dieta mista rica em fibra, aumentam o peso das fezes, promovendo assim uma laxação normal. O peso das fezes continua a aumentar à medida que a ingestão de fibra aumenta *(*Cummings, *1993)*, mas a fibra adicionada tende a normalizar a frequência da defecação para um movimento intestinal diário e o tempo de trânsito gastrointestinal (GI) para 2-4 dias.

O aumento do peso das fezes é causado pela presença da fibra, pela água que a fibra retém e pela fermentação da fibra que aumenta as bactérias nas fezes. É uma crença comum, mas errónea, que o aumento do peso das fezes se deve principalmente à água. O teor de humidade das fezes humanas é de 70-75% e isto não se altera quando se consome mais fibra. (Slavin e Jacobs, 2010).

Cummings *et al.*, (1993) efectuaram uma meta-análise de 11 estudos em que o peso fecal diário foi medido com precisão em 26 grupos de pessoas *(n* = 206) em dietas controladas com um teor de fibras conhecido. Consumo de fibras

estavam significativamente relacionados com o peso das fezes *(r* = 0,84). O peso das fezes variou muito entre os indivíduos de diferentes países, indo de 72 a 470 g/dia. O peso das fezes foi inversamente relacionado com o risco de cancro do cólon neste estudo. (Spiller, 1993) sugeriu que existe um peso fecal crítico de 160-200 g/dia para adultos, abaixo do qual a função do cólon se torna imprevisível e o risco de cancro do cólon aumenta. O peso das fezes nas populações ocidentalizadas varia entre 80-120 g/dia, pelo que para aumentar o peso das fezes para os níveis recomendados seria necessário um aumento de cerca de 20 g/dia de fibra eficaz, como a fornecida pelo farelo de trigo.

A obstipação e a diarreia são dois extremos do funcionamento anormal do intestino. A obstipação é definida como três ou menos evacuações espontâneas por semana. Quanto mais tempo as fezes permanecem no intestino grosso, mais água é absorvida pelas células intestinais, resultando em fezes duras e maior dificuldade de defecação (Leung, 2007).

3.6 Efeito anticancerígeno/efeito prebiótico

As fibras solúveis são fermentadas por bactérias anaeróbias no cólon. A velocidade, o local e a extensão da fermentação dependem do grau de solubilidade, da origem e da estrutura química da fibra, da disponibilidade concomitante de fibras mais facilmente fermentáveis, do tipo e do volume da microflora do cólon e do tempo de trânsito intestinal (Schultz, 2011). Os principais produtos finais da fermentação são os ácidos gordos de cadeia curta (AGCC), ácido butírico, propiónico e acético e os gases, dióxido de carbono, hidrogénio e metano. Os ácidos gordos de cadeia curta reforçam a proteção imunitária, favorecendo a produção de células T auxiliares, de anticorpos, de leucócitos e de citocinas, estimulam os mecanismos linfáticos e estabilizam os níveis de glicose no sangue através da sua ação na libertação de insulina pelo pâncreas. São rapidamente absorvidos com o sódio e a água do cólon por difusão não iónica e transporte ativo acoplado ao sódio. Entram na circulação e são depois metabolizados pelos tecidos periféricos. Fornecem cerca de 2 cal/kg de energia. O butirato é a principal fonte de energia dos colonócitos. Inibe o crescimento das células do carcinoma do cólon, promovendo a diferenciação celular, a paragem do ciclo celular e a apoptose dos colonócitos transformados. O propionato, que é em grande parte absorvido pelo fígado, é um gluconeogerador. Este facto ajuda a controlar os níveis de glicose no sangue. O propionato inibe igualmente a síntese do colesterol, enquanto o acetato, que é o principal ácido gordo de cadeia curta produzido pela fermentação, favorece a síntese do colesterol. As fibras que aumentam a relação acetato:propionato no intestino aumentam teoricamente os níveis séricos de colesterol (Wong *et al.*, 2006). Os ácidos gordos de cadeia curta diminuem o pH do cólon. O pH baixo aumenta a absorção dos minerais da dieta. Inibe a enzima que catalisa a formação de ácidos biliares secundários implicados na etiologia do cancro do cólon e aumenta a sua precipitação e subsequente excreção. O pH baixo também protege contra a formação de pólipos do cólon, inibe os irritantes inflamatórios e de adesão e melhora as propriedades de barreira da camada mucosa do cólon, contribuindo assim para a imunidade do intestino grosso.

Os ácidos gordos de cadeia curta locais estimulam o crescimento de bactérias benéficas como as bifidobactérias e os lactobacilos, ao mesmo tempo que inibem o crescimento de espécies patogénicas como o clostridium perfringens e limitam o crescimento de bactérias produtoras de carcinogéneos. Também foi demonstrado em ratos que, quando a concentração de substrato de fibra é baixa, o genótipo bacteriano é alterado negativamente (Turnbaugh *et al.*, 2009). O aumento da massa celular microbiana induzido pelos ácidos gordos de cadeia curta aumenta o volume das fezes, promovendo a evacuação. Os gases gerados pela fermentação bacteriana causam flatulência e desconforto abdominal e são expelidos como flatos. O hidrogénio é também absorvido e depois excretado através dos pulmões. Se os gases no intestino forem impedidos de coalescer e escapar por compostos rígidos insolúveis, eles reduzem a densidade das fezes e aumentam o volume das fezes.

3.7 A fibra alimentar como transportadora de antioxidantes

Antioxidantes dietéticos no intestino delgado e grosso. As vitaminas (C, E e A), os polifenóis (flavonóides, ácidos fenólicos, estilbenos e taninos) e os carotenóides (carotenos e xantofilas) são os principais grupos de antioxidantes alimentares. As vitaminas são moléculas únicas, e o seu metabolismo e doses são bem conhecidos, mas existem centenas de polifenóis e carotenóides com uma vasta gama de estruturas e massas moleculares, e o nosso conhecimento sobre a sua ingestão, biodisponibilidade e metabolismo é atualmente parcial e incompleto (Saura-Calixto, 2011).

As propriedades biológicas dos antioxidantes dependem da sua bioacessibilidade e biodisponibilidade. Uma parte dos antioxidantes da dieta liberta a matriz alimentar no trato gastrointestinal superior (bioacessibilidade) por solubilização direta nos fluidos intestinais em condições fisiológicas (37° C, pH 1-7,5) e/ou pela ação de enzimas digestivas (a hidrólise enzimática de proteínas, hidratos de carbono e lípidos favorece a libertação de antioxidantes da matriz alimentar). Estes antioxidantes bioacessíveis são, pelo menos, parcialmente absorvidos através da mucosa do intestino delgado. Uma outra parte dos antioxidantes PP da dieta (não bioacessíveis) passa inalterada e não dissolvida através do intestino superior em associação com a FD e chega ao cólon, onde pode ser fermentada pela ação de enzimas bacterianas (Manach *et al.*, 2005; Saura-Calixto *et al.*, 2007).

Nesta base, os antioxidantes da dieta podem ser divididos em dois grupos: (1) antioxidantes bioacessíveis no intestino delgado (vitaminas, PP de baixo peso molecular e carotenóides) e (2) antioxidantes não bioacessíveis no intestino delgado ou antioxidantes associados à DF.

Estes são principalmente compostos polifenólicos (PP polimérico e baixo teor PP de peso molecular ligado à FD e/ou preso nos núcleos da matriz da fibra) juntamente com pequenas quantidades de carotenóides e outros. A maioria dos estudos sobre antioxidantes alimentares refere-se ao grupo 1 (Bjelakovic *et al.*, 2004), enquanto o grupo 2 é normalmente ignorado, provavelmente porque se pensa que são constituintes alimentares menores e fisiologicamente irrelevantes.

No entanto, descobertas recentes mostraram que os antioxidantes do grupo 2 constituem uma proporção importante dos antioxidantes presentes nos alimentos e nas dietas (Arranz, 2011). O interesse da investigação biomédica empenhada nos efeitos dos polifenóis vegetais na saúde foi estimulado por relatórios epidemiológicos que sugeriam um efeito protetor das frutas e legumes no cancro e nas doenças cardiovasculares. Os polifenóis vegetais foram considerados como sérios candidatos a mediadores activos pelas várias hipóteses sugeridas para explicar estes efeitos benéficos, uma vez que constituem um grande grupo de antioxidantes naturais omnipresentes numa dieta rica em legumes e frutas (Arts *et al.,* 2005). Um conjunto considerável de literatura apoia o papel do stress oxidativo na patogénese das doenças relacionadas com a idade e a contribuição dos polifenóis alimentares para a sua prevenção. Para além das suas propriedades antioxidantes, os polifenóis vegetais apresentam vários outros efeitos interessantes em modelos animais e sistemas *in vitro*, que são relevantes para os mecanismos biológicos que podem contribuir para o seu papel potencialmente protetor nas DCV. Especificamente, capturam e eliminam os radicais livres, regulam o óxido nítrico, diminuem a imobilização de leucócitos, induzem a apoptose, inibem a proliferação celular e a angiogénese, e apresentam atividade fitoestrogénica (Okoye, 2007).

Atualmente, é geralmente reconhecido na ciência da nutrição que os polifenóis dos alimentos vegetais são mediadores fundamentais da fisiologia nutricional e da saúde, e que muitos polifenóis exercem efeitos protectores sobre as doenças cardiovasculares, em grande parte devido às suas propriedades antioxidantes biológicas, que derivam das suas estruturas químicas caraterísticas, e a várias das suas outras bioactividades de grande alcance, nomeadamente as propriedades estrogénicas, vasoactivas, anti-inflamatórias e anti-hipertensivas. Este reconhecimento foi possível graças ao grande e crescente conjunto de provas convincentes provenientes de estudos epidemiológicos, ensaios em seres humanos e intervenções dietéticas, bem como de estudos em células animais e humanas. A maioria dos estudos sobre o modo de ação dos polifenóis na saúde centrou-se na inibição do processo de aterosclerose como o principal mecanismo provável através do qual os polifenóis vegetais protegem contra as DCV e demonstrou, de facto, que os polifenóis associados a efeitos protectores contra as DCV interferem fortemente em vários aspectos da aterogénese, incluindo a inibição da disfunção endotelial e a redução da absorção do colesterol LDL pelos macrófagos (Okoye 2007).

CAPÍTULO 4

4.0 A FIBRA ALIMENTAR NA ETIOLOGIA DAS DOENÇAS

4.1 Diabetes tipo 2

Kaline *et al.*, (2007) analisaram o valor da fibra alimentar na prevenção da diabetes tipo 2. Sugerem que os produtos à base de cereais integrais parecem ser especialmente eficazes na prevenção da doença e recomendam uma ingestão de fibras de pelo menos 30 g/dia. A coorte do Nurses' Health Study foi avaliada relativamente à relação entre a ingestão de cereais integrais, farelo e gérmen e o risco de diabetes (de Munter *et al.*, 2007). As associações para a ingestão de farelo foram semelhantes às da ingestão total de cereais integrais, ao passo que não foi observada uma associação significativa para a ingestão de gérmen após o ajustamento para o farelo. Os investigadores concluíram que um aumento de 2 porções por dia no consumo de cereais integrais estava associado a uma redução de 21% no risco de diabetes tipo 2, após ajustamento para potenciais factores de confusão e IMC.

Embora outros factores de risco, como a obesidade, a falta de atividade física e o tabagismo, sejam precursores da doença, os factores alimentares também parecem desempenhar um papel significativo. A diabetes tipo 2 resulta de uma diminuição da sensibilidade à insulina e de hiperglicemia. Por essa razão, um dos principais factores alimentares que suscita especial preocupação é a ingestão de hidratos de carbono. Meyer *et al.*, (2000) observaram que o total de hidratos de carbono não tinha qualquer efeito sobre o risco de diabetes. No entanto, o tipo de hidratos de carbono (hidratos de carbono não estruturais e fibra alimentar) estava significativamente relacionado. Por conseguinte, é importante compreender o índice ou carga glicémica de um alimento. O índice glicémico classifica a ingestão total de hidratos de carbono de acordo com a sua resposta imediata à glicose pós-prandial em comparação com um grupo de referência, como a glicose ou o pão branco. Os hidratos de carbono com um índice glicémico baixo resultam numa menor resposta da glicose/insulina. Considera-se que os hidratos de carbono simples de cadeia pequena têm um índice glicémico mais elevado, uma vez que produzem concentrações mais elevadas de glicose no sangue.

Embora Hu *et al.* (2001) tenham concluído que o excesso de gordura corporal era o fator determinante mais importante da diabetes de tipo 2, a má nutrição era também um fator de grande influência. Além disso, o facto de as mulheres terem uma dieta pobre aumentava significativamente o risco de desenvolverem diabetes tipo 2. A má alimentação foi classificada como uma alimentação rica em gorduras saturadas, pobre em fibras alimentares e rica em hidratos de carbono não estruturais. Esta dieta seria consistente com uma carga glicémica elevada, sendo mais rica em hidratos de carbono facilmente digeríveis e rapidamente absorvíveis. Num estudo de apoio a longo prazo (oito anos) com mais de 90 000 enfermeiras, Shuzle *et al.* (2004) encontraram uma correlação positiva entre o índice glicémico e o risco de diabetes de tipo

2. Esta associação foi significativa mesmo após o ajustamento para a idade, o índice de massa corporal (IMC) e a história familiar. Foram propostos vários meios para compreender a fisiologia subjacente à relação entre o índice glicémico e a diabetes. Em primeiro lugar, os hidratos de carbono com um índice glicémico mais elevado produzem níveis mais elevados de glicose no sangue. Sugere-se que esta hiperglicemia crónica leva à disfunção das células beta do pâncreas, diminuindo assim a libertação de insulina. Em segundo lugar, devido a uma abundância excessiva de energia (carga glicémica elevada), os tecidos como o músculo esquelético, o fígado e o tecido adiposo tornam-se resistentes à insulina.

Embora a maioria dos estudos mostre uma correlação positiva entre alimentos com elevado índice glicémico e diabetes tipo 2, vários estudos discordam destas conclusões. Meyer *et al.* (2000) descobriram que o índice glicémico não tinha qualquer efeito sobre a prevalência da diabetes em mulheres idosas. No entanto, verificou-se uma forte ($P = 0{,}005$) relação inversa entre a ingestão de fibras alimentares e a diabetes quando ajustada para a idade e o IMC. As mulheres que consumiam uma média de 26 g/d de fibra alimentar tinham um risco 22% inferior de desenvolver diabetes quando comparadas com as mulheres que consumiam apenas 13 g/d. Schulze *et al.*, (2004) concordaram com estes resultados, com homens e mulheres a apresentarem uma diminuição do risco de diabetes ($P < 0{,}001$) com o consumo de mais 12 g de fibra alimentar por dia. De acordo com estes resultados, pode ser mais importante concentrar-se num maior consumo de fibras alimentares para prevenir a diabetes do que no índice/carga glicémica.

É importante notar que a relação inversa entre a fibra alimentar e a diabetes observada por Meyer *et al.*, (2000) e Schulze *et al.*, (2004) foi independente da idade e do peso corporal. Hu *et al.* (2001) corroboraram estes resultados, corrigindo a idade, a ingestão de gordura, o tabagismo, o álcool, a história familiar, o exercício e o peso corporal. Por conseguinte, parece que a fibra alimentar está associada à diabetes tipo 2, independentemente de outros factores agravantes. De acordo com investigações recentes, a fração solúvel *versus* insolúvel da fibra pode dar algumas indicações sobre a eficácia da fibra alimentar na diabetes e os seus mecanismos. As primeiras investigações sobre as fibras solúveis demonstraram um atraso no esvaziamento gástrico e uma diminuição da absorção de macronutrientes, o que resultou numa diminuição da glicemia pós-prandial e dos níveis de insulina (Jenkins *et al.*, 1978), provavelmente devido à viscosidade das fibras solúveis no interior do trato gastrointestinal. Curiosamente, os diferentes tipos de fibras solúveis tiveram efeitos variáveis na viscosidade e na absorção dos nutrientes. O guar apresentou a viscosidade mais elevada, bem como o maior efeito na redução da glucose sanguínea pós-prandial. Por conseguinte, poder-se-ia supor que um nível mais elevado de fibras solúveis estaria associado a uma diminuição do risco de diabetes. Embora alguns estudos tenham sido contraditórios, não mostrando qualquer diferenciação entre as fibras solúveis e insolúveis na diabetes (Schulze *et al.*, 2004), a maioria dos estudos demonstra uma forte relação inversa entre as fibras insolúveis e o risco de diabetes tipo 2. Meyer *et al.* (2000), utilizando mulheres saudáveis de meia-idade, observaram uma forte (P = 0,0012) relação inversa entre as fibras insolúveis e o risco de diabetes de tipo 2, enquanto as fibras solúveis não tiveram qualquer efeito. Montonen *et al.*, (2003) também encontraram os mesmos resultados em homens e mulheres saudáveis de meia-idade que consumiam níveis elevados de pão de centeio integral. A fibra alimentar proveniente de grãos de cereais integrais mostrou uma diminuição significativa da ocorrência de diabetes (Salmeron *et al.*, 1997).

A fibra insolúvel tem apenas um pequeno efeito na absorção de macronutrientes (Jenkins *et al.*, 1978), pelo que deve existir outro modo de ação e devem ser discutidas várias hipóteses. Alguns sugerem que a fibra insolúvel aumenta a taxa de passagem dos alimentos através do trato gastrointestinal, resultando assim numa diminuição da absorção de nutrientes, nomeadamente de hidratos de carbono simples. No entanto, Weicket *et al.* (2008) descobriram que um aumento da ingestão de fibras de cereais melhorava significativamente a eliminação da glucose no corpo inteiro, resultando numa melhoria de 8% da sensibilidade à insulina. Este facto sugere que os mecanismos subjacentes às fibras insolúveis são mais periféricos e não se limitam à absorção de nutrientes. Em primeiro lugar, foi observada uma secreção acelerada de polipeptídeo insulinotrópico dependente da glucose (GIP) diretamente após a ingestão de uma fibra insolúvel em mulheres saudáveis (Weickert *et al.*, 2005). Em segundo lugar, a fibra insolúvel pode resultar numa redução do apetite e da ingestão de alimentos (Samra e Anderson 2007).

De acordo com investigações recentes, o aumento dos níveis de fibra alimentar pode contribuem para uma forma não farmacológica de melhorar o metabolismo dos hidratos de carbono. No entanto, existe alguma inconsistência que pode ser atribuída à classificação da fibra alimentar e dos cereais integrais. Os indivíduos com diagnóstico de diabetes de tipo 2 podem também contribuir para a irregularidade dos dados. Num estudo com homens e mulheres com diabetes estabelecida, Jenkins *et al.* (2002) observaram que o farelo de trigo não tinha qualquer efeito no controlo glicémico em indivíduos com diabetes de tipo 2. Grande parte da investigação que mostra uma melhoria da glicémia com fibras alimentares examinou indivíduos saudáveis, em vez de indivíduos com diabetes de tipo 2 diagnosticada. É necessária mais investigação para determinar se as fibras alimentares podem ajudar no controlo dos níveis normais de glicose no sangue em indivíduos com diabetes de tipo 2 estabelecida.

4.2 Doença do cólon

4.2.1. Diverticulose

Uma dieta rica em fibras é o tratamento padrão para a doença diverticular do cólon (Eglash *et al.,* 2006). Os divertículos formados não serão resolvidos por uma dieta adequada em fibras, mas o volume proporcionado por essa dieta evitará a formação de divertículos adicionais, diminuirá a pressão no lúmen e reduzirá as hipóteses de um dos divertículos existentes rebentar ou ficar inflamado. Geralmente, no caso de um doente com diverticulose, as pequenas sementes ou cascas que podem não ser totalmente digeridas no trato gastrointestinal superior são eliminadas de uma dieta rica em fibras como precaução para evitar que estes pequenos resíduos fiquem alojados num divertículo. A prevenção da doença diverticular com fibras ainda não é clara, tendo em conta a investigação limitada. Cerca de 10-25% dos indivíduos com doença diverticular desenvolverão diverticulite. Não se sabe se as fibras protegem contra esta doença (Korzenik 2006)

4.2.2. Síndrome do intestino irritável

A motilidade gastrointestinal tem sido relacionada com a psique. A síndrome do intestino irritável (SII) afecta cerca de 20% dos adultos nos Estados Unidos e na Europa. A SII pode perturbar a motilidade GI e reduzir a absorção do intestino delgado, resultando num aumento da água que chega ao intestino grosso; pode ocorrer diarreia se o lúmen do intestino grosso não conseguir absorver o excesso de água; outras perturbações da motilidade podem causar obstipação. Para além da diarreia e da obstipação, os sintomas da SII incluem inchaço, esforço, urgência, sensação de evacuação incompleta e passagem de muco (Bijkerk *et al.*, 2004). Os indivíduos com doença inflamatória intestinal (DII; doença de Crohn e colite ulcerosa) podem apresentar diarreia exsudativa quando a absorção de nutrientes está diminuída, o que se junta ao aumento da carga osmótica devido à presença de muco, sangue e proteínas do trato gastrointestinal inflamado. A ingestão de fibras alimentares pode melhorar os sintomas dos doentes com DII.

4.3 Cancro

4.3.1. Cancro do intestino grosso

A evidência epidemiológica apoia a teoria de que a fibra alimentar pode proteger contra o cancro do intestino grosso. Os dados recolhidos em 20 populações de 12 países mostraram que o peso médio das fezes variava entre 72 e 470 g/dia e estava inversamente relacionado com o risco de cancro do cólon (Howe et *al.*, 1992). Quando os resultados de 13 estudos de controlo de casos sobre as taxas de cancro colorrectal e as práticas alimentares foram agrupados, os autores concluíram que os resultados forneciam provas substanciais de que o consumo de alimentos ricos em fibras está inversamente relacionado com o risco de cancro do cólon e do reto (Howe *et al.*, 1992). Os autores estimaram que o risco de cancro colorrectal na população dos EUA poderia ser reduzido em cerca de 31% com um aumento médio da ingestão de fibras provenientes de fontes alimentares de cerca de 13 g/dia.

Os estudos de intervenção centrados nos pólipos do cólon não apoiam as propriedades protectoras das fibras contra o cancro do cólon (Schatzkin *et al.*, 2000). Os estudos não encontraram qualquer efeito significativo da ingestão de um elevado teor de fibras na recorrência de adenomas colorrectais. O European Prospective Investigation into Cancer and Nutrition (EPIC) é um estudo de coorte prospetivo que compara os hábitos alimentares de mais de meio milhão de pessoas em 10 países com a incidência de cancro colorrectal (Bingham *et al.*, (2003). As pessoas que ingeriam mais fibras (aquelas com uma média de 33 g/dia de fibras totais) tinham uma incidência 25% inferior de cancro colorrectal do que aquelas que ingeriam menos fibras (12 g/dia). Os investigadores estimaram que as populações com um baixo consumo médio de fibras poderiam reduzir a incidência do cancro colorrectal em 40% se duplicassem o seu consumo de fibras.

4.3.2. Cancro da mama

Foram publicadas provas epidemiológicas limitadas sobre a ingestão de fibras e o risco de cancro da mama em seres humanos. Uma análise conjunta de 12 estudos de caso-controlo concluiu que uma ingestão elevada de fibras alimentares estava associada a um risco reduzido (Howe *et al.*, 1990). Nem todos os estudos relataram uma relação entre a ingestão de fibras alimentares e a incidência de cancro da mama. Uma análise conjunta de oito estudos de coorte prospectivos sobre o cancro da mama concluiu que o consumo de fruta e legumes durante a idade adulta não estava significativamente associado a uma redução do risco (Smith-Warner *et al.*, 2001). Os resultados relativos a outros tipos de cancro são semelhantes aos do cancro do cólon e da mama, sendo contraditórios quanto ao facto de o consumo de fibras ser ou não protetor. Em geral, os resultados dos estudos de caso-controlo são mais positivos do que os resultados dos ensaios prospectivos.

4.4. Doenças cardiovasculares

Existem dados consistentes e sólidos sobre a proteção proporcionada pela fibra contra a doença coronária. Esta relação é a base das recomendações da DRI para a fibra alimentar (Institute of Medicine 2002). O comité utilizou estudos epidemiológicos de coorte que estimaram a ingestão de fibra alimentar a partir de frequências alimentares e seguiram os indivíduos prospectivamente até ser detectada a doença coronária. Os níveis de ingestão de fibras considerados protectores contra a doença coronária foram então utilizados para determinar uma ingestão adequada (IA) de fibras alimentares. Tradicionalmente, as necessidades de nutrientes são estabelecidas através da determinação de uma Necessidade Média Estimada (EAR) e do cálculo de uma Dose Diária Recomendada (RDA). Quando não existem provas suficientes para estabelecer uma EAR, desenvolve-se normalmente uma AI.

Existe muita confusão relativamente aos componentes da fibra que mais protegem contra a doença coronária. O comité da DRI concluiu que as fibras dos cereais parecem ser as mais protectoras. Além disso, certas fibras funcionais, particularmente as solúveis e viscosas, podem alterar os biomarcadores de interesse na doença coronária.

As fibras viscosas reduzem os níveis de colesterol no sangue, especificamente a fração transportada pelas lipoproteínas de baixa densidade (LDL). Uma meta-análise efectuada por Brown *et al.* (1999) mostrou que a ingestão diária de 2-10 g de fibras solúveis reduzia significativamente as concentrações séricas de colesterol total e de colesterol LDL. Três fibras, nomeadamente o beta-glucano da aveia e da cevada e a casca de psílio, foram suficientemente estudadas para que a FDA autorizasse alegações de saúde de que as fibras solúveis presentes nestes alimentos, em quantidades especificadas, podem reduzir o risco de doença cardíaca. As fibras também afectam a pressão arterial (PA) e a proteína C-reactiva (PCR), biomarcadores adicionais associados ao risco de doença coronária. A ingestão de fibras foi inversamente associada à PCR no National Health and Nutrition Examination Survey 1999-2000 (NHANES) (Ajani *et al.,* 2004). Uma meta-análise de ensaios aleatórios controlados por placebo concluiu que a ingestão de fibras estava associada a uma diminuição da PA (Streppel *et al.*, 2005).

4.5 Pressão arterial

Numa meta-análise, Whelton *et al.* (2005) avaliaram 25 ensaios aleatórios controlados relativamente ao efeito da ingestão de fibras alimentares na pressão arterial. A diferença na ingestão de fibras entre os grupos de intervenção e de controlo variou entre 3,8 e 12,5 g por dia, com uma diferença média de g por dia. Em oito estudos, a fibra foi administrada como suplemento, caso contrário, a fibra foi fornecida como alimento (15 estudos, cereais, fruta, fruta/vegetais, cereais/fruta, cereais/vegetais/fruta), pectina (1 estudo) ou goma de guar (1 estudo). A duração dos estudos variou de 2 a 26 semanas. Globalmente, a ingestão de fibras alimentares foi associada a uma pequena, mas significativa, redução da pressão arterial diastólica (-1,6 mmHg) e a uma redução não significative na PA sistólica (-1,1 mmHg). Foi observada uma redução significativa da pressão arterial sistólica e diastólica em ensaios realizados em doentes com hipertensão (PAS -5,9 mmHg, PAD -4,2 mmHg) e em ensaios que incluíram indivíduos normotensos e hipertensos com uma duração da intervenção de 8 semanas ou mais (PAS -3,1 mmHg, PAD -2,6 mmHg). Uma outra meta-análise efectuada por Streppel *et al.* (2005) apresentou resultados semelhantes. Não foi abordado se o efeito está relacionado com a ingestão de fibra alimentar *per se,* com o consumo de outros nutrientes em produtos alimentares ricos em fibra com efeitos de redução da pressão arterial, ou com ambos. Em conclusão, foram observados efeitos pequenos, mas bastante consistentes, sobre a pressão sanguínea no caso de dietas ricas em fibras provenientes, por exemplo, de cereais, frutas e legumes, embora a contribuição das fibras alimentares *per* se para este efeito ainda esteja por determinar.

4.6 MEDIÇÃO DA FIBRA

"A complexidade dos alimentos ricos em fibras alimentares coloca desafios aos investigadores clínicos." (Spiller e Jenkins, 1986).

A quantidade e as caraterísticas da fibra no trato alimentar são determinadas pelas propriedades químicas e físicas *in vitro* da fibra modificada, especialmente no caso do amido resistente e de digestão lenta, pelo volume e tipo de fibra ingerida habitual e recentemente e por factores extrínsecos, como o método de preparação e armazenamento dos alimentos,

se o alimento é fresco, cru, em conserva ou cozinhado, servido quente ou frio, reaquecido ou tostado, congelado, descongelado ou arrefecido, líquido ou sólido, intacto, grosseiramente ou finamente moído, e pela quantidade e tipo de outros alimentos ingeridos. Outros factores *in vivo* determinantes incluem a quantidade de mastigação, a acessibilidade às enzimas no intestino delgado, a quantidade e o tipo de ácidos gordos de cadeia curta do cólon e a microflora, o tempo de trânsito intestinal e as interações intra-luminais entre as diferentes fibras.

As definições baseadas na estrutura química fornecem a base para a medição da maioria dos constituintes da dieta. Uma vez que as caraterísticas químicas dos hidratos de carbono não digeríveis, com exceção do amido resistente e de digestão lenta, estão definidas, a medição com base na estrutura química é teoricamente possível. No entanto, a complexidade e a diversidade destas fibras têm impedido a sua medição na prática. Mas como os valores variam com o método de extração, não podem ser generalizados. Os métodos químicos de medição das fibras sem amido estão a evoluir. Atualmente, muitos países utilizam métodos aprovados pela AOAC (Association of Official Analytical Chemists ou Association of Analytic Communities) International. Mais recentemente, os esforços analíticos têm sido direcionados para a medição de compostos individuais. Esta abordagem deu origem a uma proliferação de métodos, alguns dos quais se sobreporiam se fossem aplicados a um produto que contivesse vários tipos de hidratos de carbono não digeríveis. Não foi desenvolvida uma abordagem uniforme para resolver esta questão. As dificuldades são agravadas pela presença no material de ensaio de compostos indigestíveis extraídos e sintéticos. Estas medições não têm, no entanto, qualquer significado, uma vez que constituem subestimações grosseiras, uma vez que o amido resistente e o amido de digestão lenta não são incluídos, pois não se distinguem quimicamente do amido de digestão rápida. Existem vários métodos de medição do amido resistente, nenhum dos quais foi ainda aprovado pela AOAC. (Standing Committee on the Scientific Evaluation of Dietary Reference Intakes, 2001).

A quantificação reprodutível da fibra também não se pode basear nas propriedades físicas dos isolados de fibra porque a indigestibilidade endógena, a caraterística que define a fibra, é um processo dinâmico dependente de factores extrínsecos e intrínsecos interactivos que operam antes e durante o consumo e durante a passagem da fibra através do trato alimentar, alterando as propriedades físicas *in vivo* do composto. Uma vez que a fibra é biologicamente ativa, a quantidade presente no material de teste não equivale à quantidade disponível no trato alimentar. Os métodos para isolar a fibra biologicamente ativa para teste incluem apenas o aplicável no trato intestinal inferior:

- análise de material de efluentes de ileostomia obtidos de pessoas ileostomizadas devido a colite ulcerosa

• análise do material obtido por intubação ileal de indivíduos saudáveis

• análise de processos de digestão do intestino superior produzidos artificialmente

• análise de restos de alimentos não digeridos nas fezes

A estimativa dos metabolitos da fibra na urina e dos produtos de degradação da fermentação, como o acetato no sangue e o H2 no hálito, fornece uma medida aproximada da fibra disponível. O desejo de medir a fibra é poder estabelecer níveis quantitativos de ingestão diária de nutrientes isolados que protejam a saúde e controlem as doenças. Baseia-se num paradigma determinista irrealista de causa e efeito únicos e é motivado por interesses publicitários comerciais competitivos. No entanto, não é fácil ou mesmo significativo associar exclusivamente componentes complexos, interactivos e em constante mudança dos alimentos consumidos a efeitos únicos e independentes no organismo e, em seguida, atribuir valores de ingestão adequada (IA) e propriedades promotoras de saúde a cada componente isolado. No caso da fibra, o isolamento nem sequer é possível. Isto aplica-se à fibra solúvel, como referido acima, e também à fibra insolúvel, como Spiller afirma eloquentemente (Spiller, 1991). A complexa estrutura polimérica das fibrilas (insolúveis) da parede celular das plantas é inevitavelmente alterada quando se tenta purificar e isolar um polímero como uma entidade química pura. Estas intrincadas e belas fibrilhas entrelaçadas desafiam o isolamento sem modificação.

O reconhecimento raramente é dado, mesmo em publicações científicas acreditadas referências às dificuldades inerentes à medição da fibra e ao facto de que "existem diferenças básicas no estudo de polímeros (de fibra) purificados, fibras altamente concentradas mas não purificadas, e dietas ricas em alimentos integrais ricos em fibra" (Spiller, 1991). Para além disso, é a quantidade de fibra *in vivo* - e não *in vitro* - que é relevante.

4.7 INGESTÃO RECOMENDADA DE FIBRAS ALIMENTARES

Um inquérito realizado pelo National Fibre Council em 2005 revelou que os consumidores têm um conhecimento deficiente da fibra alimentar. Por exemplo, 53% indicaram o bife e 42% as batatas fritas como fontes significativas de fibra, enquanto 25% consideraram os pães integrais como uma fonte insignificante de fibra. O inquérito também mostrou que os consumidores não estavam totalmente conscientes dos benefícios da fibra alimentar para a saúde (National Fibre Council.2010).

De acordo com o estudo Canadian Community 2004 do Ministério da Saúde do Canadá Segundo o Ciclo 2.2 do Inquérito à Saúde, a ingestão de fibras alimentares pelos canadianos é, em média, de 14,7 g/d para as mulheres e de 18,2 g/d para os homens com mais de 19 anos de idade. Este valor é bastante inferior à ingestão alimentar de referência (DRI) de 25 g/d e 38 g/d para mulheres e homens saudáveis dos 19 aos 50 anos de idade, respetivamente (Trowell 1972), e de 21 g/d e 30 g/d para mulheres e homens saudáveis com mais de 50 anos de idade, respetivamente. (Os níveis recomendados baseiam-se na ingestão de 14 g de fibra alimentar por 1000 kcal). A DRI para fibras representa uma ingestão adequada, pois não existem dados suficientes para determinar a necessidade média estimada. Num estudo aleatório, a ingestão a longo prazo de 50 g de fibra alimentar por dia durante 24 semanas demonstrou uma melhoria significativa na hemoglobina glicada em pessoas com diabetes tipo 1 (Giacco, *et al.*, 2000). Com o aumento da procura de fontes de fibra para atingir a DRI, os suplementos de fibra tornaram-se facilmente disponíveis. Embora o documento de posição de 2008 da American Dietetic Association (Slavin .2008) refira que os suplementos de fibra com doses de 10 a 29 g/d podem ajudar a controlar a glicémia, a recomendação é que os indivíduos com diabetes consumam fibra alimentar proveniente de alimentos integrais, uma vez que não existem provas suficientes dos benefícios e efeitos a longo prazo dos suplementos de fibra.

Atualmente, não existe uma recomendação específica para a proporção ideal de ingestão de fibras solúveis e insolúveis, viscosas e não viscosas, e fermentáveis e não fermentáveis. No entanto, as quantidades e tipos de frutas e legumes, cereais, grãos integrais e leguminosas atualmente recomendados garantem a ingestão de uma variedade de tipos de fibras (Carolyn, *et al.*, 2010). O quadro seguinte apresenta algumas sugestões práticas para adicionar mais fibras às refeições, mantendo uma dieta equilibrada.

Tabela 1. Formas simples de adicionar fibras à alimentação

Fonte. (Ministério da Saúde do Canadá. Ficheiro canadiano de nutrientes, 2012).

Estratégia	**Fibra alimentar total**
Adicione linhaça moída a batidos, saladas e muffins	3,0 g/15 mL
Deixar a casca numa maçã (a casca retira cerca de 1/3 das fibras)	2,6 g/maçã
Comer a pele das batatas cozidas	3,8 g/batata
Escolha pães integrais em vez de pão branco	2,2 g/fatia
Substituir o arroz branco por arroz integral nas receitas	3,9 g/250 mL
Tente utilizar feijões e legumes enlatados para facilitar a preparação • Grão-de-bico em saladas • Lentilhas em rolo de carne • Feijão vermelho em burritos	7.9 g/250 mL 8.9 g/250 mL 12,3 g/250 mL
Cozer com farinha de trigo integral; substituir a farinha branca por farinha de trigo integral	15,5 g/250 mL

***Nota**: Para ser considerado uma "fonte" de fibras, um alimento deve fornecer pelo menos 2 g de fibras na porção indicada no quadro de Informação Nutricional. Um alimento "rico em fibras" deve conter 4 g de fibras ou mais por porção, e um alimento "muito rico em fibras" deve conter pelo menos 6 g de fibras por porção (Canadian Food Inspection Agency 2010)*

4.8 EFEITOS DA TRANSFORMAÇÃO E COZEDURA DOS ALIMENTOS NO TEOR DE FIBRAS

Foi demonstrado que o processamento de alimentos causa alterações positivas e negativas nas propriedades da fibra alimentar. Estas alterações podem ter um efeito sobre a quantidade, a natureza e os efeitos fisiológicos da fibra alimentar no produto final (Carolyn, *et al.*, 2010). De acordo com a Organização das Nações Unidas para a Alimentação e a Agricultura (FAO, 2012), a moagem e o descasque removem mecanicamente as camadas exteriores ricas em fibra dos grãos de cereais para criar farinhas refinadas, reduzindo assim consideravelmente o teor de fibra do produto final. Do mesmo modo, a descasca das leguminosas também diminui significativamente o teor de fibra alimentar (Ramulu, *et al.,* 1997). A forma do produto final também influencia o teor de fibra do alimento; por exemplo, 250 mL de laranjas cruas inteiras contêm 3,4 g de fibra, enquanto 250 mL de sumo de laranja contêm apenas 0,5 g de fibra (Health Canada. Canadian Nutrient File, 2012).

O novo pão/farinha de "trigo integral branco" que surgiu nos últimos anos representa um novo conceito para o processamento tradicional de alimentos. Ao contrário do pão branco normal feito com grãos refinados, o pão integral branco é feito a partir de uma variedade de grãos integrais albinos com farelo e gérmen intactos (ConAgra Foods Inc., 2012); por conseguinte, tem um teor de fibra semelhante ao do pão integral normal, com exceção da sua cor mais clara e do seu sabor mais doce e suave. O método de cozedura também influencia a quantidade de fibra nos alimentos. Foi demonstrado que a cozedura sob pressão diminui significativamente a fibra alimentar insolúvel nos vegetais, em comparação com os métodos convencionais que utilizam água quente e a cozedura no micro-ondas (Rehman, *et al.,* 2003). A redução da fibra pode provavelmente ser atribuída à degradação da celulose e hemicelulose em hidratos de carbono simples, uma vez que são submetidas a condições de temperatura e pressão extremamente elevadas durante o processo de cozedura sob pressão. No entanto, os efeitos da preparação doméstica dos alimentos na quantidade e natureza da fibra alimentar são muito menores do que os do processamento comercial. A US Food and Drug Administration recomenda o consumo de vegetais crus ou cozinhados al dente (tenros, mas ainda firmes) para evitar a redução do teor de fibra e para evitar remover a casca dos frutos e vegetais sempre que possível (Papazian, 1998).

4.8 POTENCIAIS EFEITOS ADVERSOS DAS DIETAS RICAS EM FIBRAS

Foram relatados efeitos adversos para a saúde em indivíduos que consomem uma dieta rica em fibras; é essencial considerar os potenciais efeitos adversos quando são feitas recomendações dietéticas.

4.9.1 Absorção de minerais

Os alimentos ricos em fibras que contêm fitato (presente no farelo de trigo) podem comprometer a absorção de determinados minerais no duodeno e no íleo. O fitato forma complexos com muitos minerais (por exemplo, ferro, cálcio, magnésio, zinco) no trato gastrointestinal e reduz a sua disponibilidade para absorção (Lunn,*r/ al.,* 2007). No entanto, as fibras fermentáveis baixam o pH intestinal e, por conseguinte, podem aumentar a absorção de minerais no intestino grosso. Por conseguinte, se o alimento contiver fibras bem e parcialmente fermentadas, considera-se que tem um efeito neutro na biodisponibilidade dos minerais (Lunn, *et al.*, 2007).

4.9.2 Efeitos secundários gastrointestinais

A fermentação da fibra alimentar no intestino grosso pelas bactérias produz gás, incluindo metano, hidrogénio e dióxido de carbono. O excesso de metano, juntamente com os efeitos de aumento de volume de uma dieta rica em fibras, pode induzir inchaço e flatulência e, compreensivelmente, pode ser um obstáculo à incorporação de mais alimentos ricos em fibras na dieta. Estes sintomas não são prejudiciais para a saúde, mas são mal tolerados por muitos indivíduos. Durante um período de várias semanas, o cólon acaba por se adaptar a uma dieta rica em fibras (Lunn,*r/ al.*, 2007). Para reduzir estes sintomas e permitir a adaptação do trato gastrointestinal, a fibra deve ser aumentada gradualmente, assegurando simultaneamente uma ingestão adequada de água e líquidos.

CAPÍTULO 5

RESUMO E CONCLUSÃO

5.1 RESUMO

Numa definição simplificada, a fibra alimentar é um hidrato de carbono que resiste à digestão e à absorção e que pode ou não sofrer fermentação microbiana no intestino grosso. Esta definição é essencialmente a base para a correlação entre os níveis de consumo e os possíveis benefícios para a saúde. A fibra alimentar é constituída por muitos constituintes diferentes, alguns dos quais são: inulina, 0-glucano, pectina, farelo e amidos resistentes. Foi demonstrado que estes componentes individuais da fibra alimentar desempenham um papel importante na melhoria da saúde humana. A investigação atual está a prestar especial atenção a estes elementos, embora seja necessária mais investigação para compreender melhor as alegações de saúde específicas e os mecanismos envolvidos.

Um grande número de pesquisas relatou uma relação inversa entre o consumo de fibras e o risco de doenças coronárias e vários tipos de cancro. Por esse motivo, a FDA adoptou e publicou a afirmação de que o aumento do consumo de fibras alimentares pode reduzir a prevalência de doenças coronárias e de cancro. Os mecanismos subjacentes a estes resultados ainda não são claros. No entanto, pensa-se que são atribuídos a vários factores, incluindo o aumento da excreção de ácidos biliares, a diminuição da ingestão calórica, o aumento da produção de ácidos gordos de cadeia curta, os efeitos de ligação a carcinogéneos, o aumento de antioxidantes e o aumento de vitaminas e minerais. Embora ainda não tenha sido adoptada pela FDA, sugere-se que a fibra alimentar desempenha um papel noutras doenças, como a obesidade e a diabetes. Embora alguns dados sejam contraditórios, a maioria dos estudos relativos à fibra alimentar refere uma diminuição destas duas doenças com o aumento do consumo de fibra.

As caraterísticas digestivas e de viscosidade da fibra alimentar são os modos de ação prováveis que afectam o risco de diabetes e obesidade. Estes mecanismos parecem diminuir a absorção de nutrientes, diminuindo assim a energia metabolizável. A fibra alimentar também pode ser capaz de diminuir a energia bruta de um alimento devido à sua menor densidade energética.

5.2 CONCLUSÃO

Foi demonstrado que o consumo de diferentes tipos de fibras alimentares reduz os factores de risco associados à síndrome metabólica, à diabetes, à obesidade, às doenças cardiovasculares e ao cancro (Slavin, 2008).

Os alimentos ricos em fibras e os laxantes a granel podem melhorar a laxação e devem ser introduzidos com precaução nas pessoas com obstipação e perturbações do cólon. Embora alguns dos benefícios da fibra para a saúde estejam claramente relacionados com as suas propriedades físicas (por exemplo, volume do cólon), é quase impossível separar a fibra e os fitoquímicos que a marcam em estudos epidemiológicos. Grande parte do efeito da fibra na saúde pode dever-se aos fitoquímicos a que está associada. Com o surgimento de novas definições de fibra e de novos produtos alimentares enriquecidos com fibra no mercado, é importante estar bem informado sobre as diferenças e semelhanças entre os vários tipos de fibra e garantir que os tipos apropriados de fibra são consumidos em quantidades adequadas para a manutenção da saúde e para a prevenção e/ou tratamento de doenças. Deve ser consumida uma variedade de fontes e tipos de fibra, em vez de um único tipo de fibra, como fibra alimentar total. Por conseguinte, a classe médica deve incentivar o consumo de alimentos ricos em fibras, tais como cereais integrais, leguminosas, frutos e legumes.

Para obter todos os benefícios da fibra, é importante variar as fontes de fibra na alimentação. As dietas com frutas, legumes, lentilhas/feijões e cereais integrais não só fornecem fibras alimentares, mas também muitos outros nutrientes e componentes alimentares essenciais para uma boa saúde.

REFERÊNCIA

AACC (American Association of Cereal Chemists), (2001); The Definition of Dietary Fibre. Relatório do Comité de Definição de Fibra Alimentar para o Conselho de Administração da Associação Americana de Químicos de Cereais. Apresentado em 10 de janeiro de 2001. Publicação no. W-2001-0222-01O.

Abdul-Hamid, A. e Y.S. Luan, (2000); Propriedades funcionais da fibra alimentar do farelo de arroz desengordurado. *Food Chem,* 68: 15-19.

Adlercreutz, H.; Hamalainen, E.; Gorbach, S.L.; Goldin, B.R.; Woods, M.N.; Brunson, L.S.; Dwyer, J.T. (1987); Association of Diet and Sex- Hormones in Relation to Breast-Cancer. *Eur. J. Cancer Clin. Oncol, 23,* 1725-1726.

Ajani UA, Ford ES, Mokdad AH. (2004); Dietary fiber and C-reactive protein: findingsfrom National Health and Nutrition Examination Survey data. *J Nutr;* 134: 1181-1185.

Alberts DS, Marinez ME, Kor DL. (2000); e a Phoenix Colon Cancer Prevention Physicians' Network. Falta de efeito de um suplemento de cereais ricos em fibras na recorrência de adenomas colorrectais. *N Engl J Med*; 324:1156-1162.

American Diabetes Association, (2008); Nutrition recommendations and intervention for diabetes. Uma declaração de posição da Associação Americana de Diabetes. *Diabetes Care,* 31 561-578.

Anderson CA, Curzon ME, Van Loveren C, Tatsi C e Duggal MS, (2009); Sucrose and dental caries: a review of the evidence. Obesity Reviews, 10 Suppl 1, 41-54.

Arranz, S.; Saura-Calixto, F. (2011); A análise de polifenóis em cereais pode ser melhorada realizando hidrólise ácida: um estudo em farinha de trigo e farelo de trigo e cereais da dieta. *J. Cereal Sci.* 51, 313-318.

Arts ICW, Hollman PCH: (2005); Polifenóis e risco de doença em estudos epidemiológicos. *Am. J. Clin. Nutr.* 81(1): 317-325.

Betteridge V. (2009); Fibra alimentar: uma definição em evolução? *Nutr Bull.34:122-* 125.

Bijkerk CJ, Muris JWM, Knottnerus JA, Hoes AW, NeWit NJ. (2004); Revisão sistemática: o papel dos diferentes tipos de fibras no tratamento da síndrome do cólon irritável. *Aliment Pharmacol Ther;* 19:245-251.

Bingham SA, Day NE, Luben R, Ferrari P, Slimani N, Norat T, Clavel-Chapelon F, Kesse E, Nieters A, Boeing H, Tjonneland A, Overvad K, Martinez C, Dorronsoro M, Gonzalez CA, Key TJ, Trichopoulou A, Naska A, Vineis P, Tumino R, Krogh V, Bueno-de-Mesquita HB, Peeters PH, Berglund G, Hallmans G, Lund E, Skeie G, Kaaks R e Riboli E,(2003); Fibra alimentar nos alimentos e proteção contra o cancro colorrectal no European Prospective Investigation into Cancer and Nutrition (EPIC): um estudo observacional. Lancet, 361, 1496-1501.

Bjelakovic, G.; Nikolova, D.; Simonetti, R.; Gloud, C. (2004); Antioxidants suplements for prevention of gastrointestinal cancers: a systematic review and meta-analysis. Lancet, 364, 1219-1228.

Blackwood, A.D., J. Salter, P.W. Dettmar e M.F. Chaplin, (2000); Dietary fibre, physiochemical properties and their relationship to health. *J. Royal Soc. Prom. health,* 120: 242-247.

Brown L, Rosner B, Willett WW e Sacks FM, (1999); Cholesterol-lowering effects of dietary fibre: a meta-analysis. *American Journal of Clinical Nutrition,* 69, 30-42.

Buttriss JL, Stokes CS (2008); Dietary fibre and health: an overview. *Nutr Bull.* 33:186-200.

Associação Canadiana de Diabetes. (2006); Dyslipidemia in adults with diabetes. *Can J Diabetes.* 30:230-240.

Agência Canadiana de Inspeção Alimentar. (2010); Guide to Food Labelling and Advertising. Capítulo 7: Alegações relativas ao teor de nutrientes. Disponível em: http://www.inspection.gc.ca/english/fssa/labeti/guide/ch7be.shtml. Acedido em 24 de setembro de 2012.

Cani PD, Dewever C, Delzenne NM.(2004) Inulin-type fructans modulate gastrointestinal peptides involved in appetite regulation (glucagon like peptide-1 and grehlin) in rats. *Br J Nutr.* 92:521-526.

Carolyn Li. Mandeep Uppal. (2010); A clinical update on dietary fibre in diabetes. *Canadian Journal of Diabetes.* 34(4):355-361.

Champ, M. e F. Guillon, (2000); Propriedades estruturais e físicas das fibras alimentares e consequências da transformação na fisiologia humana. *Food Res. Int,* 33: 233-245.

Chow J, Choe YS, Noss MJ. (2007); Effect of a viscous fibre-containing nutrition bar on satiety of patients with type 2 diabetes. *Diabetes Res Clin Pract.* 76:335-340.

Comissão do Codex Alimentarius (2010); ALINORM 09/32/26, definição de fibra alimentar. novembro de 2009: 27-54 e Apêndice II.

Comissão do Codex Alimentarius (2008): Relatório da 30ª sessão do Comité do Codex para a Nutrição e os Alimentos para Usos Dietéticos Especiais. novembro, parágrafos 27-54, 46.

Coleman Ellen (2008); Dietary Fibre and Cardiovascular Disease (Fibra Alimentar e Doença Cardiovascular). Nutrition Dimension, Inc. 400 W. Hersey St. #2, Ashland, OR 975201-888-7815388.

ConAgra Foods Inc. (2012); Perguntas frequentes sobre ultragrain. Disponível em: http://www.ultragrain.com/faqs.jsp. Acedido em 24 de setembro de 2012.

Coni E, Di Benedetto R, Di Pasqual. (2000): Protective effect of oleuropein, an olive oil biophenol, on low density lipoprotein oxidizability in rabbit. Lipids; 35:45-54.

Cummings JH, Stephen AM. (2007); Terminologia e classificação dos hidratos de carbono. *Eur J Clin Vutr.*;61(suppl 1):5-18.

Cummings JH. (1993); The effect of dietary fibre on faecal weight and composition. In: Spiller GA, ed. CRC Handbook of Dietary Fibre in Human Nutrition, 2.ª ed., Lisboa. CRC Press, Boca Raton, FL. 263-349.

D'Alessio D. (2000); Glucagon-like peptide 1 (GLP-1) in diabetes and aging. *J Anti-Aging Med.* 3:329-333.

De Munter JS, Hu FB, Spiegelman D, Franz M, van Dam RM.(2007); Whole grain, bran, and germ intake and risk of type 2 diabetes: a prospective cohort study and systematic review. *PLoS Med;* 4:e261.

EFSA (Autoridade Europeia para a Segurança dos Alimentos), (2010); Scientific Opinion on Dietary Reference Values for carbohydrates and dietary fibre. Painel dos Produtos Dietéticos, Nutrição e Alergias (NDA) da EFSA. *EFSA Jounal,* 8 (3) 177 Parma, Itália.

Eglash A, Lane CH, Schneider DM. (2006); Clinical inquiries. Qual é a dieta mais benéfica para pacientes com diverticulose? *J Fam Pract;* 55:813-815.

Escudero Alvarez E. (2006); Dietary fibre. *Nutr Hosp.* ;21(suppl 2):60-71.

FDA. (2008); Alegações de saúde: Produtos à base de cereais que contêm fibras, frutas e legumes e cancro. In *Code of Federal Regulations;* Food and Drug Administration: Silver Spring, MD, EUA, Volume 2.

Flight I, Clifton P. (2006); Cereal grains and legumes in the prevention of coronary heart disease and stroke: a review of the literature. *Eur J Clin Nutr;* 60:1145-1159.

Organização das Nações Unidas para a Alimentação e a Agricultura. (2012); Effects of food processing on dietary carbohydrates (Efeitos do processamento de alimentos nos hidratos de carbono da dieta). Disponível online em: http:// www.fao.org/docrep/W8079E/w8079e0j.htm. Acedido em 24 de setembro de 2012.

Galisteo M, Duarte J, Zarzuelo A . (2008); Efeitos das fibras alimentares nos distúrbios associados à síndrome metabólica. *JNutr Biochem.* 19:7184.

Gibson GR, Roberfroid MD. (1995); Dietary modulation of the human colonic microbiota: introducing the concept of probiotics. *J Nutr.* 125:1401-1412

Gray J. (2008); Fibra alimentar - das definições às mensagens de saúde pública. *Nutr Bull;* 33:159-161.

Haub, M.D.; Hubach, K.L.; Al-Tamimi, E.K. (2010); Diferentes tipos de amido resistente provocam respostas diferentes à glucose nos seres humanos. *J. Nutr. Metab.* 230501.

Ministério da Saúde do Canadá. Canadian Community Health Survey, Cycle 2.2, Nutrition (2004); Nutrient Intakes from Food. Ottawa, ON: Ministério da Saúde do Canadá; 2004. Disponível em: http://www.hc-sc.gc.ca/fn-an/alt_formats/hpfb-dgpsa/pdf/pubs/cchs-escc_vol1-eng.pdf. Acedido em 24 de setembro de 2012.

Ministério da Saúde do Canadá. Canadian Nutrient File. Disponível em: http://webprod.hc-sc. gc.ca/cnf-fce/start-debuter.do?lang=eng. Acedido em 24 de setembro de 2012.

Higdon J. (2005); Fibre living. Instituto Panding da Universidade do Estado de Oregon. Documento de seminário .Lpi.Oregonstate.edu/gg/b.

Howarth NC, Saltzman E e Roberts SB, (2001); Dietary fibre and weight regulation. Nutrition Reviews, 59, 129-139.

Howe GR, Benito E, Castelleto R. (1992); Dietary intake of fiber and decreased risk of cancers of the colon and rectum: Evidence from the combined analysis of 13 case-control studies. *J Natl Cancer Inst;* 84:1887-1896.

Howe GR, Hirohata T, Hislop TG, (1990); Dietary factors and risk of breast cancer: Análise combinada de 12 estudos de caso-controlo. *J Natl Cancer Inst;* 82:561-569 .

Hu FB, Manson JE, Stampfer MJ, Colditz G, Liu S, Solomon CG e Willett WC,(2001); Diet, lifestyle, and the risk of type 2 diabetes mellitus in women. *New England Journal of Medicine,* 345, 790-797.

Instituto de Medicina. (2002); Dietary Reference Intakes: Energia, Hidratos de carbono, fibras, gorduras, ácidos gordos, colesterol, proteínas e aminoácidos. The National Academies Press, Washington, DC,

IOM (Institute of Medicine), (2005); Dietary reference intakes for energy, carbohydrate, fibre, fat, fatty acids, cholesterol, protein, and amino acids. National Academies Press, Washington DC.

Jenkins DJ, Kendall CW, Vuksan V, Vidgen E, Parker T, Faulkner D, Mehling CC, Garsetti M, Testolin G, Cunnane SC, Ryan MA e Corey PN, (2002); Ingestão de fibras solúveis numa dose aprovada pela Food and Drug Administration dos EUA para uma alegação de benefícios para a saúde: factores de risco de lípidos séricos para doenças cardiovasculares avaliados num ensaio cruzado controlado e aleatório. *American Journal of Clinical Nutrition*, 75, 834-839.

Jenkins, D.J.; Wolever, T.M.; Leeds, A.R.; Gassull, M.A.; Haisman, P.; Dilawari, J.; Goff, D.V.; Metz, G.L.; Alberti, K.G. (1978); Fibras alimentares, análogos de fibras e tolerância à glucose: Importância da viscosidade. *Br. Med. J.*, *1*, 1392-1394.

Kaline K, Bornstein SR, Bergmann A, Hauner H, Schwarz PEH(2007); The importance and effect of dietary fibre in diabetes prevention with particular consideration of whole grain products. *Horm Metab Res;* 39:687-693.

Koh-Banerjee P, Franz M, Sampson L, Liu S, Jacobs DR, Jr., Spiegelman D, Willett W e Rimm E, (2004); Changes in whole-grain, bran, and cereal fibre consumption in relation to 8-y weight gain among men. *American Journal of Clinical Nutrition,* 80, 1237-1245.

Korzenik JR. (2006); Case closed? Diverticulite: epidemiologia e fibras. *J Clin Gastroenterol*; 40(Suppl 3) 112-116.

Lairon D, (1999); Fibras alimentares e lípidos alimentares. In: Advanced dietary fibre technology (Tecnologia avançada das fibras alimentares). Eds McCleary B, Prosky L. Blackwell Science, Oxford, 177185.

Lau C, Faerch K, Glumer C, Tetens I, Pedersen O, Carstensen B, Jorgensen T e Borch-Johnsen K,(2005); Dietary glycemic index, glycemic load, fiber, simple sugars, and insulin resistance: the Inter99 study. *Diabetes Care,* 28, 1397-1403.

Leung FW. (2007); Etiologic factors of chronic constipation - review of the scientific evidence (Factores etiológicos da obstipação crónica - revisão da evidência científica). *Dig Dis Sci;* 52:313-316.

Liese AD, Schulz M, Fang F, Wolever TM, D'Agostino RB, Jr., Sparks KC e Mayer-Davis EJ, (2005); Dietary glycemic index and glycemic load, carbohydrate and fibre intake, and measures of insulin sensitivity, secretion, and adiposity in the Insulin Resistance Atherosclerosis Study. *Diabetes Care*, 28, 2832-2838.

Lindstrom J, Peltonen M, Eriksson JG, Louheranta A, Fogelholm M, Uusitupa M e Tuomilehto J,(2006); High-fibre, low-fat diet predicts long-term weight loss and decreased type 2 diabetes risk: the Finnish Diabetes Prevention Study. *Diabetologia,* 49, 912-920.

Lunn J, Buttriss JL. (2007); Carboidratos e fibras alimentares. *Nutr Bull;* 32: 2164.

Manach, C.; Williamson, G.; Morand, C.; Scalbert, A.; Remesy, C. (2005); Biodisponibilidade e bioeficácia dos polifenóis no ser humano. I. Revisão de 97 estudos de biodisponibilidade. Am. J. Clin. Nutr., 81, 230S-242S.

Mateljan G. (2001); The worlds healthiest foods. Documento de seminário. Midpoint Trade Book Inc. ISBN 9780976918547. www.amazon.com.

Fundação Mayo para a Educação e Investigação Médica (MFMER) (1998); NU00033.

Mensink M, Blaak EE, Corpeleijn E, Saris WH, de Bruin TW e Feskens EJ, (2003); Lifestyle intervention according to general recommendations improves glucose tolerance. Obesity Research, 11, 1588-1596.

Meyer KA, Kushi LH, Jacobs DR, Jr., Slavin J, Sellers TA e Folsom AR, (2000); Carboidratos, fibra alimentar e diabetes tipo 2 incidente em mulheres idosas. *American Journal of Clinical Nutrition,* 71, 921-930.

Meyer, K.A.; Kushi, L.H.; Jacobs, D.R., Jr.; Slavin, J.; Sellers, T.A.; Folsom, A.R. (2000); Carboidratos, fibra alimentar e diabetes tipo 2 incidente em mulheres idosas. *Am. J. Clin. Nutr., 71,* 921-930.

Mokdad, A.H.; Ford, E.S.; Bowman, B.A.; Dietz, W.H.; Vinicor, F.; Bales, V.S.; Marks, J.S. (2003); Prevalence of obesity, diabetes, and obesity- related health risk factors, 2001. *J. Am. Med. Assoc., 289,* 76-79.

Montonen J, Knekt P, Jarvinen R, Aromaa A e Reunanen A, (2003); Wholegrain and fibre intake and the incidence of type 2 diabetes. *American Journal of Clinical Nutrition*, 77, 622-629.

Conselho Nacional das Fibras. (2010); Are you getting your fill of fibre? Disponível em: http://www.nationalfibercouncil.org/af_are.shtml. Acedido em 24 de setembro de 2012.

Nomura, A.M.; Hankin, J.H.; Henderson, B.E.; Wilkens, L.R.; Murphy, S.P.; Pike, M.C.; Le Marchand, L.; Stram, D.O.; Monroe, K.R.; Kolonel, L.N. (2007); Dietary fibre and colorectal cancer risk: The multiethnic cohort study. *Cancer Causes Control, 18*, 753-764.

Ogden, C.L.; Carroll, M.D.; Curtin, L.R.; McDowell, M.A.; Tabak, C.J.; Flegal, K .M. (2006);Prevalência de excesso de peso e obesidade nos Estados Unidos, 1999-2004. *J. Am. Med. Assoc., 295,* 1549-1555.

Okoye Z. S. C. (2007); Protective Effects of Dietary Polyphenolic Phytochemicals on Nutrition Transition-Related Cardiovascular Disease. *Int. J. Biomed. Hlth. Sci.* 3, (1); 21-33.

Papazian R. *Bulking Up Fibre's Healthful Reputation.* Bethesda, MD: Food and Drug Administration; 1998. Disponível em http://www.cooks.com/ rec/nutrition/fibre cooks.html. Acedido em 24 de setembro de 2012.

Park, Y.; Brinton, L.A.; Subar, A.F.; Hollenbeck, A.; Schatzkin, A. (2009);Dietary fibre intake and risk of breast cancer in postmenopausal women: The National Institutes of Health-AARP Diet and Health Study. *Am. J. Clin. Nutr., 90,* 664-671.

Pereira MA e Ludwig DS, (2000); Fibra alimentar e regulação do peso corporal. Observações e mecanismos. Pediatric Clinics of North America, 48, 969-980.

Pereira MA, Jacobs DR Jr, Pins JJ, (2002); Efeitos dos cereais integrais na sensibilidade à insulina em adultos hiperinsulinémicos com excesso de peso. *Am J Clin Nutr.* 75:848-855.

Ramulu P, Rao PU. (1997); Effect of processing on dietary fibre content of cereals and pulses (Efeito da transformação no teor de fibra alimentar dos cereais e leguminosas). *Plant Foods Hum Nutr.* 50:249-257.

Rehman Z, Islam M, Shah WH. (2003); Effect of microwave and conventional cooking on insoluble dietary fibre components of vegetables. *Food Chem*; 80:237-24.

Salmeron J, Ascherio A, Rimm EB, Colditz GA, Spiegelman D, Jenkins DJ, Stampfer MJ, Wing AL e Willett WC, (1997); Dietary fibre, glycemic load, and risk of NIDDM in men. *Diabetes Care,* 20, 545-550.

Samra, R.; Anderson, G.H. (2007); Insoluble cereal fibre reduces appetite and short-term food intake and glycaemic response to food consumed 75 min later by healthy men. *Am. J. Clin. Nutr. 86,* 972-979.

Saura-Calixto, F.; Pe'rez-Jime'nez, J.; Tourin' o, S.; Serrano, J.; Fuguet, E.; Torres, J. L.; Gon' i, I. (2011); Metabolitos de proantocianidinas associados a fibras alimentares provenientes da fermentação in vitro do cólon e metabolitos de proantocianidinas no plasma humano. Mol. *Nutr. Food Res.*, 54, 1-8.

Saura-Calixto, F; Serrano, J; Goni, I. (2007); Intake and bioaccesibility of total polyphenols in a whole diet. *Food Chem,* 101, 492-501.

Schatzkin A, Lanza E, Corle D, e o Grupo de Estudo do Ensaio de Prevenção de Pólipos. (2000); Lack of effect of a low-fat, high-fibre diet on the recurrence of colorectal adenomas. *N Engl J Med;* 342:1149-1155.

Schneeman BO. (1999); Fibre, inulin and oligofructose: similarities and differences. *J Nutr.* 129(7 suppl):1424S-1427S.

Schneeman, B.O. (1998); Dietary fiber and gastrointestinal function. *Nutr. Res., 18,* 625-632.

Schultz Effie, (2011);www.en.wikipedia.org/wiki Fibra alimentar. Acedido em setembro de 2011.

Schulze MB, Liu S, Rimm EB, Manson JE, Willett WC e Hu FB,(2004); Glycemic index, glycemic load, and dietary fibre intake and incidence of type 2 diabetes in young and middle-aged women. *American Journal of Clinical Nutrition,* 80, 348-356.

Siegelbuan, (2006); Dieta rica em fibras; gastroenterologia. Comunicação em seminário. 24 de setembro de 2012.

Slavin J, Jacobs D, Marquart L. (1997); Whole-grain consumption and chronic disease: protective mechanisms. *Nutr Cancer;* 27:14-21.

Slavin J. e David R. Jacobs Jr. (2010); Dietary Fibre: All Fibres Are Not Alike *Nutrition and Health: Guia de Nutrição para Médicos* _ Humana Press, uma parte da Springer Science+Business Media, LLC.

Slavin JL, Green H. (2007); Fibre and satiety (Fibra e saciedade). *Nutr Bull;* 32 (Suppl 1):32-42.

Slavin JL, Green H. Fibre and satiety (Fibra e saciedade). Nutr Bull.(2007); 32 (Suppl 1):32-42.

Slavin JL. (2008); Posição da Associação Dietética Americana: implicações da fibra alimentar para a saúde. *J Am Diet Assoc.*108:1716-1731.

Smith-Warner SA, Spiegelman D, Yaun SS, (2001); Intake of fruits and vegetables and risk of breast cancer: a pooled analysis of cohort studies. *JAMA*; 285: 769-776.

Spiller GA, Jenkins DJA. (1986): Dietary fibre supplements, physiological and pharmacological aspects: a workshop report. Em Taylor TG, Jenkins NK, eds. Proceedings of the XIII International Congress of Nutrition 1985. Londres John Libby 184-5. Descarregado de www.ajcn.org.

Spiller GA. (1991); Beyond dietary fibre (Para além da fibra alimentar). *American Journal of Clinical Nutrition.* 54(4): 615-617.

Spiller GA. (1993); Sugestões para uma base sobre a qual determinar uma ingestão desejável de fibra alimentar. In: Spiller GA, ed. CRC Handbook of Dietary Fibre in Human Nutrition. CRC Press, Boca Raton, FL. 351-35.

Comité Permanente para a Avaliação Científica das Doses Dietéticas de Referência. (2001): Comité de Alimentação e Nutrição. Instituto de Medicina. Dietary Reference Intakes: Proposed Definition of Dietary Fibre (Proposta de definição de fibra alimentar). A Report of the Panel on the Definition of Dietary Fibre (Relatório do Painel sobre a Definição de Fibra Alimentar). National Academy Press.

Streppel MT, Arends LR, van 't Veer P, Grobbee DE e Geleijnse JM,(2005); Dietary fibre and blood pressure: a meta-analysis of randomized placebo- controlled trials. Archives of Internal Medicine, 165, 150-156.

Streppel MT, Arends LR, van't Veer P, Grobbee DE, Geleijnse J M.(2005); Dietary fiber and blood pressure: A meta-analysis of randomized placebo- controlled trials. *Arch Intern Med;* 165:150-156.

Streppel, M.T.; Ocke, M.C.; Boshuizen, H.C.; Kok, F.J.; Kromhout, D. (2008); Dietary fibre intake in relation to coronary heart disease and all-cause mortality over 40 y: The Zutphen Study. *Am. J. Clin. Nutr., 88,* 11191125.

Theuwissen E, Mensink RP.(2008); Water-soluble dietary fibres and cardiovascular disease. *Physiol Behav.* ;94:285-292.

Theuwissen E. e R. P. Mensink, (2008); Water-soluble dietary fibres and cardiovascular disease, *Physiol. Behav.* 94 285-292T.

Trowell H, (1972); Fibre: a natural hypocholesteremic agent. *American Journal of Clinical Nutrition*, 25, 464-465.

Tucker, L.A.; Thomas, K.S. (2009); Aumentar a ingestão total de fibras reduz o risco de aumento de peso e de gordura nas mulheres. *J. Nutr., 139,* 576-581.

Tungland BC, Meyer D. (2002); Nondigestiable oligo- and polysaccharides (dietary fiber): their physiology and role in human health and food. *Compr Rev Food Sci Food Safety;* 1(3):90-109.

Turnbaugh PJ (2009); The Effect of Diet on the Human Gut Microbiome: Uma Análise Metagenómica em Ratos Gnotobióticos Humanizados. *Sci Transl Med.* 1(6): 6-14.

Vasudevan, D.M. Streekumari S. (2007); A text book of Biochemistry for medical students 5th edition *Jaypee Brothers Medical Publishers.* Nova Deli. Índia.

Weickert, M.O.; Mohlig, M.; Koebnick, C.; Holst, J.J.; Namsolleck, P.; Ristow, M.; Osterhoff, M.; Rochlitz, H.; Rudovich, N.; Spranger, J.; Pfeiffer, A.F. (2005); Impact of cereal fibre on glucose-regulating factors. *Diabetologia, 48,* 2343-2353.

Weickert, M.O.; Pfeiffer, A.F.H. *(2008);* Efeitos metabólicos da dieta e prevenção da diabetes. *J. Nutr, 138,* 439-442.

Whelton SP, Hyre AD, Pedersen B, Yi Y, Whelton PK e He J, (2005); Effect of dietary fiber intake on blood pressure: a meta-analysis of randomized, controlled clinical trials. *Journal of Hypertension,* 23, 475-481.

OMS/FAO (Organização Mundial de Saúde/Organização para a Alimentação e a Agricultura), (2003); Relatório de peritos: Dieta, nutrição e prevenção de doenças crónicas. Relatório de uma consulta conjunta de peritos da OMS/FAO. Série de Relatórios Técnicos da OMS 916.

Wong JMW, de Souza R, Kendall CWC, Emam A, Jenkins DJA. (2006); Colonic health: Fermentation and Short Chain Fatty Acids (Fermentação e ácidos gordos de cadeia curta*). J Clin Gastroenterol.* 40(3): 235-43.

Ylonen K, Saloranta C, Kronberg-Kippila C, Groop L, Aro A e Virtanen SM, (2003); Associações da fibra alimentar com o metabolismo da glucose em familiares não diabéticos de indivíduos com diabetes tipo 2: o Botnia Dietary Study. *Diabetes Care*, 26, 1979-1985.

Young, G.P.; Hu, Y.; Le Leu, R.K.; Nyskohus, L. (2005); Fibra alimentar e cancro colorrectal: Um modelo para interações ambiente-gene. *Mol. Nutr. Food Res., 49,* 571-584.

Índice

I want morebooks!

Buy your books fast and straightforward online - at one of world's fastest growing online book stores! Environmentally sound due to Print-on-Demand technologies.

Buy your books online at
www.morebooks.shop

Compre os seus livros mais rápido e diretamente na internet, em uma das livrarias on-line com o maior crescimento no mundo! Produção que protege o meio ambiente através das tecnologias de impressão sob demanda.

Compre os seus livros on-line em
www.morebooks.shop

info@omniscriptum.com
www.omniscriptum.com

Printed by Books on Demand GmbH, Norderstedt / Germany